全国中小学生研学实践教育基地
深圳中国钢结构博物馆科普教育读本

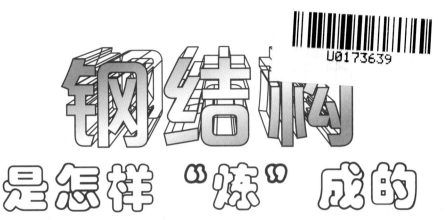

钢结构

是怎样 "炼" 成的

（初中版）

中建科工集团有限公司

中建钢构工程有限公司　编

深圳中国钢结构博物馆

HOW DOES STEEL STRUCTURE

中山大学出版社
SUN YAT-SEN UNIVERSITY PRESS

图书在版编目（CIP）数据

钢结构是怎样"炼"成的：初中版 / 中建科工集团有限公司，中建钢构工程有限公司，深圳中国钢结构博物馆编 .—广州：中山大学出版社，2021.12
（全国中小学生研学实践教育基地　深圳中国钢结构博物馆科普教育读本）
ISBN 978-7-306-07368-6

Ⅰ. ①钢… Ⅱ. ①中… ②中… ③深… Ⅲ. ①钢结构—青少年读物
Ⅳ. ① TU391-49

中国版本图书馆 CIP 数据核字 （2021）第 257447 号

GANGJIEGOU SHI ZENYANG "LIAN" CHENG DE（CHUZHONG BAN）

出　版　人：王天琪
策划编辑：曾育林
责任编辑：曾育林
封面设计：曾　斌
责任校对：陈　芳
责任技编：何雅涛
出版发行：中山大学出版社
电　　话：编辑部 020-84113349，84110776，84110771，84110283，84110779，8411996
　　　　　发行部 020-84111998，84111981，84111160
地　　址：广州市新港西路 135 号
邮　　编：510275　　　　传　真：020-84036565
网　　址：http://www.zsup.com.cn　E-mail: zdcbs@mail.sysu.edu.cn
印　刷　者：广州一龙印刷有限公司
规　　格：787mm×1092mm　1/16　7.625 印张　150 千字
版次印次：2021 年 12 月第 1 版　　2021 年 12 月第 1 次印刷
定　　价：28.00 元

编　委　会

序

千百年来，人类不断探索更安全、更舒适、更美观的生活空间。1824年，水泥诞生；1856年，炼钢技术成熟。此后，钢结构和钢筋混凝土结构逐渐成为大多数建筑的骨架，而且它们可以让房子建得更高大、更宽敞，让桥梁跨越更宽的水面和峡谷。其中，钢结构稳居高度、跨度的冠军。

从19世纪末到中华人民共和国成立，中国陆续建成了一些钢结构桥梁和建筑。例如，建于1894年的滦河铁桥，建于1902—1910年间的天津万国桥、郑州黄河大桥、天津金汤桥、上海外白渡桥、济南泺口黄河铁路大桥、兰州黄河铁桥和云南红河屏边人字桥，建于1929年的广州中山纪念堂，建于1934年的上海国际饭店，建于1937年的钱塘江大桥，等等，但数量不多，而且大部分是由外国人设计和主持建造的，钢构件也用的是国外生产、加工的钢材。

中华人民共和国成立后，中国工业时不我待、奋起直追。改革开放以来，钢结构在工程建设领域得到广泛应用，在摩天大楼、大型场馆、跨江跨海大桥上大显身手。此外，钢结构建筑、桥梁从设计到施工，从钢材生产到加工制作，逐步实现了国产化。钢结构设计、制造、安装水平从落后西方半个多世纪实现了赶超。时至今日，中国钢结构已步入高速发展期，作为绿色、朝阳和民生产业，未来大有可为。

博物馆是传承文明、浓缩历史的文化圣殿。我们建设钢结构博物馆，就是希望可以总结行业历史成就，探索行业发展规律，守护行业文明遗产，并展望行业未来方向；同时，让大家通过了解钢结构在中国的发展，感知中国的现代化进程。我们欣喜地看到，博物馆在普及钢结构科技知识、培养钢结构专业人才、传递志愿服务精神、培育爱国主义情操和传播绿色生活理念方面发挥了重要作用。

　　编写《钢结构是怎样"炼"成的》是博物馆的配套工程。希望该读本的出版和课程的实施，能够让更多学生了解钢结构，关注钢结构，爱上钢结构，为建设我们更绿色的家园和更美好的明天而共同努力。

中建科工集团有限公司董事长

深圳中国钢结构博物馆名誉馆长

目　录

本章主要介绍钢和铁的关系，钢铁冶炼原理及古今中外钢铁在建筑中的应用。

第一章

钢与铁

第一节　铁

铁是我们日常生活中常见的金属之一，也是最有用、最廉价、最丰富、最重要的金属。在工农业生产中，铁是重要的基本结构材料。铁的合金——钢，是钢结构建筑最基础的材料。

1. 铁

铁是一种外表浅灰色或银白色的金属，由铁元素组成。铁元素的总质量约占地壳质量的 4.75%，是除氧、硅、铝外，含量第四多的元素。铁具有良好的硬度、可塑性和导热性，在人类历史上被极为广泛地应用。生活中常见的铁钉见图 1-1。

铁
元素符号 Fe
原子序数 26
元素周期表第 4 周期
过渡元素第 8 族

图 1-1　生活中常见的铁钉

2. 铁的制备

制备单质铁一般使用两种常见且富含铁元素的矿石——赤铁矿与磁铁矿作为原材料。铁矿石在超过 1500 ℃高温的冶炼炉内，通过与一氧化碳发生氧化还原反应可以得到金属铁，这也是冶炼铁的基本原理。铁水流出见图 1-2。

图 1-2　铁水流出

3. 铁的性质

纯铁质软，强度有限，制成的器具容易变形，同时因为铁元素较为活泼，容易被腐蚀，因此在生产生活及科研中大量使用的是铁的合金。生锈的铁板见图1-3。

图 1-3 生锈的铁板

4. 铁的分类

铁元素在自然界中几乎都是以化合物的形态存在于矿石中，只有在陨石中存在游离态的铁元素，因此化学意义的纯铁（单质铁）是通过冶炼或化学还原等方法得到的。

日常生活中人们常说的铁，一般指铁的合金，主要由铁元素和碳元素组成，称为铁碳合金。铁碳合金是铁合金应用最广的合金形式，根据含碳量的高低，一般分为生铁、熟铁和钢三大类。

生铁

生铁的含碳量在 2.11%～6.69% 之间，并含有较多的非铁杂质，是铁矿石经高炉冶炼的初级产品。其中，含硅量较低的生铁是炼钢的主要原料，称为炼钢生铁，这种生铁的产量大，硬而脆，断口呈银白色，也称为白口生铁。含硅量高的生铁断口呈灰色，耐磨，铸造性好，称为铸造生铁，常用来铸造各种铸件，例如管道、箱体等。生铁铸造的下水井盖见图 1-4。

图 1-4　生铁铸造的下水井盖

熟铁

熟铁的含碳量小于 0.02%，一般用生铁脱碳精炼而成，杂质很少，冶炼成本高。熟铁质地软，塑性和延展性好，具有高磁导率，常作为制作各种仪器铁芯、电工材料、高级合金钢的原料，也称为纯铁、锻铁。例如哑铃，见图 1-5。古代人类最早冶炼出的铁也称为"熟铁"，由于炉温低，

图 1-5　哑铃

古代"熟铁"中的杂质很多，和现代意义的熟铁有较大区别。

钢

钢的含碳量在 $0.02\%\sim2.11\%$ 之间，古代用低温冶炼后的"熟铁"通过加碳锻造得到，现代一般用生铁经过脱碳冶炼而成。钢的硬度、韧性远高于铁，在生产生活中应用广泛。钢制厨具见图 1-6，用钢材作为结构材料的建筑见图 1-7。

图 1-6　钢制厨具

图 1-7　用钢材作为结构材料的建筑

第二节 铁碳合金——钢

1. 合金

合金是由一种金属元素和其他元素熔合而成的、具有金属特性的物质。熔合进的元素可以是金属，也可以是非金属，而且种类很多。一般合金的熔点比组成它的各种金属的熔点低，而硬度比组成它的各种金属的硬度高。

例如，人类发明和使用最早的合金——青铜，就是在高温熔化的纯铜液中加入了锡或铅。青铜中的锡含量在约25%时，熔点会从纯铜的1083 ℃降低到约800 ℃，使熔铸变得更容易。青铜不仅铸造性好，硬度也高，同时具有耐磨、耐腐蚀、色泽光亮等优点，被人类广泛应用于制作食器、酒器、水器、乐器、兵器、货币等。例如编钟，见图1-8。

又如，我们日常生活中常见的易拉罐、门窗边框、发动机气缸、飞机外壳等，它们的制造材料是加入了铜、锌、锰、硅、镁等元素的铝合金。

图1-8 编钟

2. 钢

钢是含碳量在 0.02%～2.11% 之间的铁碳合金的统称。从微观角度看，碳元素与铁元素的结合，使原来铁元素之间的相互作用力发生了改变，外在表现是钢的硬度比铁大，韧性比铁强，这些优秀的物理性能使钢比铁更宜于应用。

3. 钢的制备

钢是通过减少生铁的含碳量或增加熟铁的含碳量得来的。现代炼钢的流程主要是将氧气吹进液态生铁，高温下氧元素和生铁中的碳元素发生化学反应生成一氧化碳，以气体形式排出。随着碳不断被氧化，生铁水成为钢水，钢水经浇铸冷凝成为钢坯，钢坯经过锻造成为各种规格和用途的钢材。炼钢见图 1-9。

图 1-9　炼钢

钢结构是怎样"炼"成的（初中版）

4. 钢的分类

钢的种类繁多，根据化学成分不同，可以简单分为碳素钢和合金钢两大类。

碳素钢的主要成分是铁和碳，几乎没有其他成分。根据含碳量的多少，碳素钢可以分成低碳钢、中碳钢和高碳钢，见表1-1。

表1-1 碳素钢的分类

种类	低碳钢	中碳钢	高碳钢
含碳量	0.02%～0.25%	0.25%～0.60%	0.60%～2.11%
性质	强度低，硬度低，塑性好	强度、硬度适中	强度和硬度高，弹性极限和疲劳极限高
主要用途	用于制作各种建筑构件等	大量用于机械零件和建筑材料等	弹簧和耐磨零件等

合金钢是在冶炼碳素钢的过程中，加入锰、铬、镍等其他金属元素而炼成的钢。例如，在碳素钢中加入锰，叫作锰钢，其硬度进一步增强；加入铬，会使钢呈现耐腐蚀的特性，这种合金叫不锈钢。根据其他金属元素的总含量，合金钢可分为低合金钢、中合金钢和高合金钢，见表1-2。

表1-2 合金钢的分类

种类	低合金钢	中合金钢	高合金钢
合金元素的总含量	≤5%	5%～10%	≥10%

图1-10 钢齿轮

为了进一步改善钢材的性能，加工过程中还会进行冷加工和热处理。冷加工可以提高钢材的强度和硬度，但会降低塑性和韧性。热处理可以使钢材的机械性能更为优秀，例如钢齿轮，见图1-10。

10

第三节　百炼成钢

1. 古代钢铁冶炼

公元前 2000 年左右，小亚细亚的赫梯人发明了低温炼铁技术。人们将铁矿石放进冶炼炉，用柴和炭加热冶炼。由于温度不够高，铁矿石一直以固体形式存在。燃烧产生的一氧化碳与铁矿石发生化学反应，在铁矿石上形成很多空洞。还原后的铁矿石沉到炉底，成为含碳量低、杂质多的熟铁块，称为"海绵铁"，见图 1-11。这种炼铁方法被称为"块炼法"。

约公元前 1400 年，赫梯人进一步发明了熟铁渗碳技术。工匠把熟铁块打成薄片放入炭火中煅烧，高温下的碳元素附着在铁片表层，经过捶打使铁碳熔合，铁片表面就出现了坚硬的表层渗碳钢。

古代中国人最早也是用块炼法从铁矿石中冶炼熟铁的。到战国末年，铁器逐渐盛行，冶炼技术发展到块炼渗碳钢阶段——熟铁被多次加热，反复锻打，这样碳元素就更多地渗入熟铁中，人们因此得到了更多的钢。在此基础上，制钢工艺进一步发展到"百炼钢"阶段，工匠不仅将熟铁多次加热锻打，还有意识地增加折叠的次数，使钢的组织更细密，成分更均匀，一块钢往往需要折叠锻打上百次才能得到。由于熔进了更多的碳，钢的品质也大大提升，主要用于制作宝刀、宝剑。春秋、战国、秦、汉时期的一些名剑，如干将、莫邪、太阿等，都是用这种工艺打造而成的。

在生铁出现前，人们只有通过人工增碳的方式才能把用块炼法得到的熟铁打造成钢。古代锻铁示意见图 1-12。

图 1-11　海绵铁

图 1-12　古代锻铁示意

公元前 400 年，中国的鼓风技术使炉温达到 1500 ℃以上，铁矿石在炉内可以被熔化。高温下的铁元素之间结构松散，碳元素可以不断渗入，析出的铁水滴落至炉底汇集，冷凝后成为含碳量高的生铁。

南北朝时期，灌钢技术在中国南北推广。灌钢是指将生铁、熟铁同时加热，生铁熔点低先熔化，生铁中的碳便"灌"入熟铁中，使熟铁增碳成为钢。

明朝科学家宋应星在《天工开物》中，图文并茂地总结了中国古代冶炼生铁、熟铁和炼钢的工艺流程，见图 1-13。

图 1-13　《天工开物》中的冶炼场景

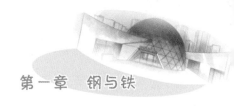

古代人没有化学知识作为技术支撑，炼钢主要依靠工匠的经验，带有很大的偶然性。

2. 现代钢铁冶炼

第一次工业革命开始之后，机器替代了人力，生铁产量不断提高。同时，炼钢技术得到飞跃发展，到18—19世纪，欧洲陆续出现了转炉炼钢法、平炉炼钢法、电炉炼钢法，这些工艺随着技术进步不断改良并一直沿用至今。早期转炉见图1-14。

图 1-14　早期转炉

在现代工业中，炼铁和炼钢仍是钢铁生产的两个阶段。首先在高炉中将铁矿石冶炼成生铁，再以生铁和废钢为原料，用转炉、电炉等设备炼钢。

高炉炼铁

高炉炼铁是现代炼铁的主要方法，是在高温下用还原剂将铁矿石或含铁原料还原成液态生铁的过程。

高炉的主体由耐火材料砌筑而成，呈竖立式圆筒形，见图1-15。高炉从上至下一般分炉喉、炉胸、炉身、炉腹、炉缸五部分。高炉顶部有进料口，用于投放炼铁原料，另设有通道排出炉内煤气。炉腹部分有进风口，用于吹进高温气体及其他燃料。炉缸上部有出渣口，用于排出废渣，下部有出铁口，用于排出铁水。

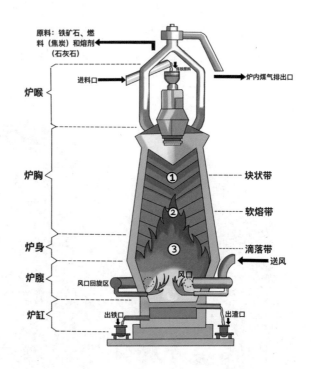

图1-15 高炉主体剖面结构示意

高炉炼铁的原料主要包括铁矿石、燃料（焦炭）和熔剂（石灰石）。

高炉生产时，炼铁原料按规定比例从炉顶分层装入，在炉内形成交替分层结构。大量富含氧气的气体被热风炉加热后从进风口吹入高炉，使焦炭燃烧。高温下，焦炭产生高还原性的一氧化碳与铁矿石中的氧元素不断发生还原反应。矿石中的铁成为液态向下滴落，在炉缸底部聚集。同时，铁矿石中的杂质与石灰石等熔剂结合生成密度比铁水小的炉渣，掉落后浮在铁水上面。最后，铁水和炉渣分别从出铁口、出渣口排出。

高炉冶炼出的铁水是含碳量高的生铁，少部分用于铸造，绝大部分作为炼钢原料。

高炉炼铁看似简单，实际上在这一过程中，高炉内发生了一系列化学反应。

首先是焦炭的燃烧，会产生一氧化碳（CO）和二氧化碳（CO_2）。这里有 4 种反应形式，见表 1-3。

表 1-3　4 种反应形式

化学反应式	说明
$2C+O_2 \rightarrow 2CO$	碳在不完全燃烧的情况下，和氧气反应生成一氧化碳
$C+O_2 \rightarrow CO_2$	碳完全燃烧，和氧气反应生成二氧化碳
$2CO+O_2 \rightarrow 2CO_2$	一氧化碳和氧气进一步反应生成二氧化碳
$CO_2+C \rightarrow 2CO$	二氧化碳和碳粉在高温的条件下反应生成一氧化碳

最重要的环节是一氧化碳和氧化铁发生氧化还原反应（表 1-4），分离出单质铁。

表 1-4　氧化还原反应

化学反应式	说明
$Fe_2O_3+3CO \rightarrow 2Fe+3CO_2$	一氧化碳和赤铁矿的主要成分氧化铁在高温条件下反应生成单质铁和二氧化碳
$Fe_3O_4+4CO \rightarrow 3Fe+4CO_2$	一氧化碳和磁铁矿的主要成分四氧化三铁在高温条件下生成单质铁和二氧化碳

实际上，还原反应在温度变化下又细分为以下三个阶段（表 1-5）。

$$Fe_2O_3 \rightarrow Fe_3O_4 \rightarrow FeO \rightarrow Fe$$

表 1-5　还原反应

阶段（T 表示温度）	化学反应式	说明
第一阶段 320 ℃ < T < 620 ℃	$3Fe_2O_3+CO \rightarrow 2Fe_3O_4+CO_2$	氧化铁在 320 ～ 620 ℃的条件下先被一氧化碳还原成四氧化三铁

续上表

阶段（T表示温度）	化学反应式	说明
第二阶段 $620\,℃ < T < 950\,℃$	$Fe_3O_4 + CO \rightarrow 3FeO + CO_2$	在 $620 \sim 950\,℃$ 的条件下，四氧化三铁被一氧化碳进一步还原生成氧化亚铁
第三阶段 $950\,℃ < T$	$FeO + CO \rightarrow Fe + CO_2$	当温度达到 $950\,℃$ 以上时，氧化亚铁最终被一氧化碳还原成单质铁

　　铁矿石中普遍含有杂质，最主要的成分是二氧化硅。这些杂质的熔点很高，在炼铁过程中如果不进行特殊处理，很容易与铁水混杂在一起。处理办法是，通过造渣让它们生成密度比铁水低的物质，漂浮在铁水上面，实现炉渣与铁水的物理分离。造渣的主要原料是石灰石，化学反应原理见表1-6。

表1-6　化学反应原理

反应	化学反应式	说明
主反应	$SiO_2 + CaCO_3 \rightarrow CaSiO_3 + CO_2$	二氧化硅在高温下与石灰石的主要成分碳酸钙反应生成硅酸钙和二氧化碳
子反应	$CaCO_3 \rightarrow CaO + CO_2$	高温条件下石灰石的主要成分碳酸钙分解生成氧化钙和二氧化碳
	$CaO + SiO_2 \rightarrow CaSiO_3$	氧化钙和二氧化硅在高温条件下反应生成硅酸钙

转炉炼钢

　　现代炼钢主要有转炉炼钢、平炉炼钢、电炉炼钢3种方法。其中，转炉炼钢是现代普遍采用的炼钢方式；平炉炼钢因为能耗大已经逐步被淘汰；电炉炼钢以电为热源，炼钢成本高，普及率低。
　　转炉炼钢法的工作原理是将纯氧或空气吹向炉内的铁水，经过氧化反应，析出铁水中的杂质，降低碳含量，完成炼钢过程。

转炉炉体的外形有梨形、直桶形和鼓形等几种，外部是金属炉壳，内部有耐火材料炉衬。转炉在工作中持续转动，加速氧化反应的进行，氧化反应过程中释放出大量的热又提高了炉温，因此转炉炼钢不需外加热源。

从高炉冶炼出的高温生铁铁水，一般被直接运送到转炉炼钢（图1-16）。铁水中除碳元素外，仍然含有少量硅、锰以及磷、硫等杂质。

图 1-16　生铁水注入转炉炼钢

硅元素可以增强钢材强度，锰元素可以增加钢的强度、硬度、韧性和耐磨损性。在转炉炼钢过程中，需要将这两种元素的含量调整到合适的比例。

磷元素和硫元素都会降低钢的性能，使钢材容易断裂。这两种元素的含量都必须限制在 0.05% 以下，才能保证钢的质量。

转炉开始工作时，首先将高温液态生铁和用来造渣的生石灰注入炉内，然后吹入氧气。在这一过程中，液态生铁表面会发生剧烈反应（图1-17），使硅、锰元素迅速被氧化，磷元素和硫元素与铁的化合物和石灰生成稳定的新化合物，其间，铁水的对流作用使反应充分进行。

上述氧化反应见表 1-7。

图 1-17　铁水正在进行氧化反应

表 1-7　氧化反应

化学反应式	说明
$Si + O_2 \rightarrow SiO_2$	单质硅和氧气在较高温度下反应生成二氧化硅
$Si + 2FeO \rightarrow SiO_2 + 2Fe$	单质硅和氧化亚铁在高温条件下反应生成二氧化硅和单质铁
$2Mn + O_2 \rightarrow 2MnO$	单质锰和氧气反应生成氧化锰
$Mn + FeO \rightarrow MnO + Fe$	单质锰和氧化亚铁在高温条件下反应生成氧化锰和单质铁

　　冶炼中期，铁水中只剩下少量的硅元素与锰元素，碳元素开始氧化，生成一氧化碳并释放出大量热量，使铁水剧烈沸腾，溢出炉口的一氧化碳会燃烧产生巨大的火焰。高温同时使铁水中的氧化亚铁发生脱碳反应。

　　脱碳反应见表 1-8。

表 1-8　脱碳反应

化学反应式	说明
$2C + O_2 \rightarrow 2CO$	单质碳遇氧气发生氧化生成一氧化碳
$FeO + C \rightarrow CO + Fe$	氧化亚铁与单质碳发生氧化还原反应生成单质铁和一氧化碳

冶炼后期，磷元素会继续缓慢发生氧化反应并进一步生成磷酸亚铁。磷酸亚铁与生石灰反应生成磷酸钙和硫化钙，从而形成炉渣。

总反应式见表 1-9。

表 1-9　总反应

化学反应式	说明
$2P+5FeO + 4CaO \rightarrow 4CaO \cdot P_2O_5+5Fe$	单质磷和氧化亚铁、氧化钙经一系列复杂的反应最终生成五氧化二磷合四氧化钙和单质铁

铁水经过脱碳、去杂质，成为钢水，最后加入脱氧剂（由铝、硅、镁、钛等元素组成）进行脱氧（目的是降低钢液含氧量，保证钢的质量），倾斜炉体，将钢水倒入铸勺冷却成为钢锭。转炉炼钢工序示意见图 1-18。

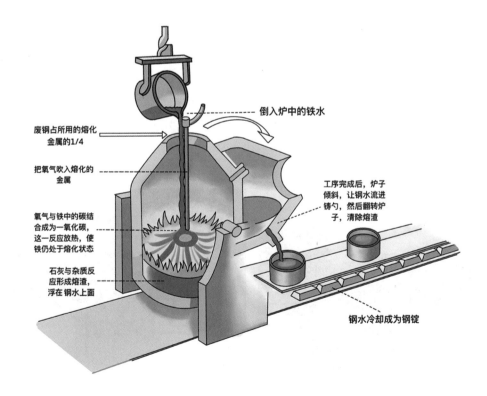

废钢占所用的熔化金属的1/4

把氧气吹入熔化的金属

氧气与铁中的碳结合成为一氧化碳，这一反应放热，使铁仍处于熔化状态

石灰与杂质反应形成熔渣，浮在钢水上面

倒入炉中的铁水

工序完成后，炉子倾斜，让钢水流进铸勺，然后翻转炉子，清除熔渣

钢水冷却成为钢锭

图 1-18　转炉炼钢工序示意

第四节 钢铁结构建筑的发展历程

1. 古代先辈的探索

在古代，人类最初将木柴和木炭当作燃料，温度不能熔化铁矿石，只能炼出含碳量低的块状熟铁，再耗费大量人力锻造才能生产出器具，铁的生产效率低。煤的使用和鼓风技术的出现，使炉温升高，冶炼出含碳量高的生铁铁水，液态生铁可以直接浇铸铁器，生产效率大大提高。铁被大量生产出来后，除了铸造兵器、农具外，开始用于建筑。

古代中国人最早将铁用于建桥，陕西汉中的樊河铁索桥是目前已知最早的铁索桥，领先世界 2000 多年。

中国古代的铁塔是全铁建筑，广州的光孝寺铁塔是中国现存最古老的铁塔，分东西二塔。东塔铸成于公元 967 年（北宋乾德五年），西塔比东塔早 4 年铸成，见图 1-19、图 1-20。

图 1-19　光孝寺铁塔（东塔）

图 1-20　光孝寺铁塔（西塔）

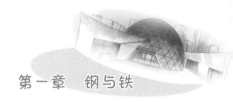

2. 钢结构产业的兴起

第一次工业革命开始之后，伴随着炼钢技术的发展，现代冶金学诞生，人们对钢铁的认识不断加深。力学不断发展，为人类创造建筑奇迹提供了理论基础。1856 年，英国工程师贝塞麦发明了转炉炼钢技术；1864 年，法国工程师马丁发明了平炉炼钢法。两种炼钢法在世界范围内广泛传播，钢成为一种更为廉价且实用的材料而被广泛应用于社会生活的各个领域，人类社会进入钢的时代。

这个时期，钢结构连接技术、结构体系也逐步成熟，钢结构登上历史的舞台。到第二次世界大战前，大量钢结构经典工程面世，包括英国的布鲁克代尔大桥（图 1-21）、梅奈大桥、水晶宫，法国的埃菲尔铁塔（图 1-22），美国的布鲁克林大桥、帝国大厦、金门大桥（图 1-23），等等，书写着人类建筑史的光辉篇章。

图 1-21　英国布鲁克代尔大桥（1779 年建成）

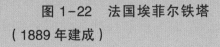

图 1-22　法国埃菲尔铁塔（1889 年建成）

图 1-23　美国旧金山金门大桥（1937 年建成）

3. 西学东渐

19 世纪末，随着西方技术的逐步引入，中国的钢结构产业开始发展。1893 年，汉阳铁厂成立，它是当时亚洲第一的钢铁企业，标志着中国钢结构产业的开端。1894 年，滦河大桥落成，长 630 多米，是当时中国最长的钢桥。1907 年，上海外白渡桥（图 1-24）建成，它是中国第一座全钢结构铆接桥梁，也是目前仅存的不等高桁架结构桥。1908 年，中国第一条通向国外的铁路——滇越铁路上的人字桥建成。1927 年，天津万国桥（现名解放桥）建成，它是一座全钢结构可开启的桥梁。1937 年，铁路公路两用双层桥钱塘江大桥（现桥为 1953 年修复重建，图 1-26）落成。以上桥梁中，滦河大桥和钱塘江大桥分别由我国工程师詹天佑和茅以升主持设计、建造。

除了桥梁，还有广州……纪念堂（图 1-25）、上海国际饭店、上海中国银行大楼、广州……为中国这片古老的土地带来了新……中山纪念堂由我国建筑师吕彦直……

1-24 上海外白渡桥（190……

《钢结构是怎样炼成的（初中版）》勘误表

页数/行	更正前	更正后
22/11	詹天佐	詹天佑

错误原因：排版软件中毒。

特此勘误。

……州中山纪念堂（1931 年建成）

图 1-26 钱塘江大桥现貌

4. 新的里程碑

第二次世界大战后，世界经济高速发展，钢结构的发展呈现出多元化的趋势。超乎想象的空间造型不断被创造，高度与跨度指标不断被刷新，钢结构让整个人类的生活空间发生了翻天覆地的变化（图1-27 至图1-31）。

图1-27　美国圣路易斯拱门（1965年建成）

世界最高的采用不锈钢饰面的纪念碑，高度192米，跨度192米。

图1-28　加拿大蒙特利尔世博会美国馆（1967年建成）

当时世界最大的网格球体建筑，圆球直径76米。

图 1-29 美国纽约世界贸易中心（1973 年建成）

纽约的标志性建筑，北塔屋顶高 417 米，南塔屋顶高 415 米，于 2001 年 9 月 11 日受到恐怖袭击倒塌。（其中一件钢结构残骸现收藏于深圳中国钢结构博物馆）

图 1-30 日本明石海峡大桥（1998 年建成）

目前世界上主跨度最长的悬索桥，主跨 1991 米，全长 3911 米。

图 1-31 阿联酋哈利法塔（迪拜塔，2010 年建成）

当今世界最高楼，高 828 米。

5. 中国钢结构产业的快速发展

中华人民共和国成立后，钢铁工业的发展为钢结构产业奠定了基础，特别是改革开放以来，一座座超越历史的建筑，书写着现代中国追赶世界潮流的奋进步伐（图1-32至图1-35）。

图1-32　武汉长江大桥（1957年建成）

全长1670米，长江上第一座公路铁路两用大桥。

图1-33　人民大会堂（1959年建成）

屋盖跨度60米，二层宴会厅跨度48米，二楼悬臂看台出挑16.5米。

▶ **图 1-34 南京长江大桥（1968 年建成）**

长江上第一座由中国自行设计和建造的双层铁路公路两用桥梁，公路桥长 4589 米，铁路桥长 6772 米。

▼ **图 1-35 深圳地王大厦（1996 年建成）**

当时亚洲第一高楼，高 383.95 米，创造了"两天半一个结构层"的新深圳速度。

6. 钢结构的世纪

进入 21 世纪，钢结构产业迅猛发展，建筑高度、跨度、精度等纪录不断被刷新，成为世界文明发展最直观的代言。

随着中国经济的蓬勃发展和城市化的快速推进，越来越多造型更新、体量更大、高度更高的建筑物和构筑物出现在神州大地，钢结构的快速发展成为中国国家实力飞速增长的闪亮注解（图 1-36 至图 1-39）。

图 1-36　国家体育场（鸟巢，2008 年建成）

地标性的体育建筑和奥运遗产。

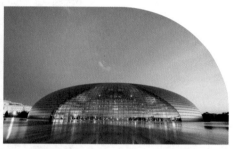

图 1-37　国家大剧院（2009 年建成）

半椭球形钢结构，壳体东西跨度 212.2 米，南北跨度 143.64 米，高 46.68 米，世界最大穹顶建筑。

图 1-38　广州塔（2009 年建成）

当时世界最高塔，高 600 米，管状塔形钢结构建筑。

图 1-39　深圳宝安机场 T3 航站楼（2013 年建成）

南北长约 1130 米，东西宽约 640 米，结构最大跨度达 108 米。

【小贴士】自然界中的铁：七彩矿石

晶莹剔透的蓝宝石、红宝石，形状各异的鸡血石，色彩艳丽的七彩矿……这些五彩斑斓的矿石组成了色彩绚烂的矿石世界。

自然界中的铁就隐藏在这些颜色各异的矿石里。从理论上来说，凡是含有铁元素的矿石都可以叫作铁矿石，但是在工业或者商业上，铁矿石中的含铁量决定了其利用价值。

世界上含铁矿物 300 多种，其中常见的有 170 多种。有利用价值的主要是磁铁矿、赤铁矿、菱铁矿、褐铁矿等几种。

赤铁矿的主要成分为三氧化二铁（Fe_2O_3），中国古称"云子铁"，呈红褐色。光泽暗淡的称为赭石，中国古称"代赭"，呈暗红色，含铁量高，是炼铁的主要原材料之一。根据其本身结构不同又可分成多种类别，如赤色赤铁矿、镜铁矿、云母铁矿、黏土质赤铁矿等。

磁铁矿主要成分为四氧化三铁（Fe_3O_4），是三氧化二铁和氧化亚铁（FeO）的复合物，呈黑灰色。含铁量高，也是炼铁的主要原材料，选矿时可用磁选法，处理方便，但由于结构细密，还原性较差。磁铁矿经长期风化作用后即变为赤铁矿。

菱铁矿是含有碳酸亚铁（$FeCO_3$）的矿石，呈青灰色，这种矿石多含有相当数量的钙盐和镁盐。

褐铁矿为含有氢氧化铁［$Fe(OH)_3$］的矿石。它是针铁矿（$HFeO_2$）和鳞铁矿［FeO（OH）］两种不同结构矿石的统称，呈土黄色或棕色，多附存在其他铁矿石中。

ⓒ Watstinwoods

赤铁矿石

ⓒ Watstinwoods

磁铁矿石

ⓒ Didier escouens

菱铁矿石

ⓒ GOKLuLe 卢乐

褐铁矿石

【探究课题】日常生活中钢铁制品应用调查

　　钢和铁在日常生活中随处可见，广泛应用于社会生活各个领域。请组成调研小组，对生活中常见的钢铁制品做一个详细的社会调查。

第二章

钢结构的特征

本章主要介绍钢结构建筑的优势。

第一节 强度高 自重轻

钢结构强度高、自重轻。

强度是一个力学概念，指材料在外力（荷载）作用下抵抗破坏的能力，用单位面积上所承受的力来表示。

外力常表现为 4 种形式，即压力、拉力、剪力、折力，因此材料的强度也分为抗压强度、抗拉强度、抗剪强度和抗弯强度。具体见图 2-1。

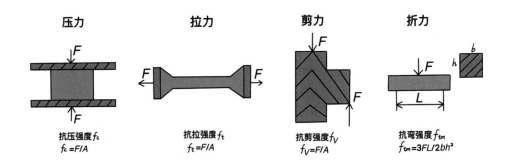

图 2-1　4 种外力示意

式中，F——破坏荷载（单位：N）；

　　　A——受荷面积（单位：mm^2）；

　　　L——跨度（单位：mm）；

　　　b——断面宽度（单位：mm）；

　　　h——断面高度（单位：mm）。

为了将不同材料的强度进行对比，人们又通常将比强度作为衡量材料轻质高强的一项重要指标。

比强度是材料的强度与体积密度之比。比强度越高，表明达到相应强度所用的材料质量越轻。优质的结构材料必须有较高的比强度。常用建筑材料的比强度见表 2-1。

表 2-1　常用建筑材料的比强度

材料	体积密度 ρ_0（kg/m³）	抗压强度 f_c（MPa）	比强度 f_c/ρ_0
低碳钢	7850	420	0.054
松木（顺纹）	500	36	0.072
普通混凝土	2400	40	0.017
烧结黏土砖	1700	10	0.006

钢材和其他建筑材料相比，有强度高、密度大、材质均匀的特征。在同等受力条件下，钢结构可以大幅度减小结构体本身的自重，胜任更高的高度和更大的跨度；能以较小的截面满足强度要求，建筑室内面积更大。图 2-2 所示为钢结构建筑深圳中建科工大厦空中大堂内景。

图 2-2　中建科工大厦空中大堂内景

第二节 塑性好 韧性强

钢结构塑性好、韧性强。

塑性指在外力作用下，材料产生变形，外力取消后，材料仍然保持变形后的形状、尺寸，而且不会产生裂缝的性质。这种不能恢复的变形称为塑性变形。

生活中的很多金属都具备良好的塑性。例如，你可以轻易地折弯一根铁丝，被折弯的铁丝就产生了塑性变形。

如果我们把铁丝换成钢丝，你会发现，当我们的手不再用力，钢丝会自动恢复成原状。钢丝的这种性质称为弹性，这种变形称为弹性变形。

弹性是有极限的，不同材料的弹性极限也不相同。如果我们施加的力量超过钢丝的弹性极限，钢丝也会发生塑性变形。

建筑钢材的弹性和塑性都很好。当所受外力不大时，建筑钢材会产生弹性变形；当外力超过弹性极限时，建筑钢材会产生塑性变形。

当受到的外力达到一定限度时，有些材料会发生突然破坏（如断裂），而且破坏时无明显塑性变形，这种性质被称为脆性，这种材料被称为脆性材料。例如，玻璃、陶瓷、普通混凝土等。

韧性指的是材料在冲击、振动荷载作用下，吸收较大的能量，产生一定的变形而不破坏的性质，也称为冲击韧性。建筑钢材、木材、塑料等是较典型的韧性材料。路面、桥梁、吊车梁及有抗震要求的结构都要考虑材料的韧性。

因为钢塑性好、韧性强，所以大部分建筑的抗震性能都由钢材或钢构件来实现。出现地震灾害时，建筑物的承重部位从变形到严重变形再到断裂倒塌有较长时间，给人们逃生留出了宝贵的时间。

第三节 宜制造 缩工期

　　钢结构构件制造工业化程度较高。制造厂根据设计要求，将钢材用切割等方式进行下料，再将零件组装焊接成为构件和节点，经过喷砂和涂装工序，最终制作出成品钢构件，运到工地现场。

　　钢结构现场安装也普遍使用工业化设备。钢构件重量大、体积大，需要使用专门的起重设备进行吊装，并用测量设备进行校准定位，合格后先临时固定，最后通过高强螺栓或焊接进行永久连接。

　　钢结构构件在工厂机械化制造，工地现场装配速度快，极大地缩短了工期，模块化建筑现场施工速度更快。钢结构模块化建筑施工见图 2-3。

图 2-3　钢结构模块化建筑施工

第四节 易成型 利造型

　　钢结构可以依据建筑师的要求，打造出具有独特造型的空间，甚至可做成复杂的弯扭形状，创造出其他材料难以实现的各种艺术造型。

　　例如，深圳湾体育中心是为举办第 26 届世界大学生运动会而建，设计者充分考虑建筑的寓意，即"孕育破茧而出冲向世界的运动健儿的孵化器"，因此将外观设计成一个大大的蚕茧。整体建筑外形呈银白色的网格状，钢铁犹如光洁顺滑的蚕丝，"编织"出一个巨型的"春茧"。大量的曲线设计还体现在建筑内部，"大树广场"用钢材"编"出树干（图 2-4），与同样网格化的屋顶平滑地连接成为一体，凸显钢结构建筑的实用性、美观性、艺术性。

图 2-4　深圳湾体育中心的"大树广场"

第五节 可循环 省资源

钢结构建筑的材料是钢材。当建筑物被拆除或被迁移时，钢材几乎可以做到完全被回收和再利用，与其他建筑材料相比，循环利用的优势更大。

例如，废旧的钢结构工业厂房拆除后，大部分承重梁、柱、桁架等经过相应强度测试后，可换址重新作为建材直接使用。腐蚀严重、弯折破损的部分可运至钢铁厂作为冶炼原材料进行回炉再造。

从施工角度讲，钢结构建筑是拼装干作业（不用现场搅拌或其他带水作业的工作形式），极大地减少了水电的使用。同时，现场施工快捷，节省工期，减少了人力、物力。施工中产生的固体废弃物很少，直接或间接减少了二氧化碳排放量，是节省资源、低碳环保的施工方式。

在绿色环保的呼声越来越高的今天，钢结构建筑是未来的建筑趋势。

【小贴士】"鸟巢"的钢结构

2008年，中国北京成功举办了第29届国际奥林匹克运动会。这次奥运会不仅彰显了中国的综合国力，而且加强了中国与世界各国的友好关系。这次奥运会的主体育场国家体育场（鸟巢，图2-5），已成为地标性的体育建筑和奥运遗产。

为了容纳更多的观众，中外设计师们联手设计了一个巨大的"容器"——弧形外观高低起伏，呈网格状，如同一个由树枝编织成的鸟巢，寄托着人类对未来的希望。

"鸟巢"外形钢结构主要由巨大的格构式钢架组成。顶面呈马鞍式椭圆形，长轴长度332.3米，短轴长度296.4米，最高点高68.5米，最低点高42.8米，由24根桁架柱支撑。主桁架围绕屋盖中间的开口呈放射形布置，交叉布置的主桁架与屋面及立面的次结构一起形成了"鸟巢"的特殊建筑造型。

"鸟巢"顶部的钢结构外表面贴有一层半透明的膜，使体育场内的光线通过漫反射变得柔和，同时为座席提供了遮风挡雨的功能。

"鸟巢"钢结构总用钢量为4.2万吨，结构是体形庞大的空间编织网。有些构件不仅弯曲，而且扭曲。如何加工精确无误？高强度厚钢板在冬季露天施焊如何保证质量？构件安装时的空间如何精确定位？这些都是施工中极大的难点，当然最后都被聪明的建设者一一解决了，从而为2008年奥运会提供了独一无二的运动场馆。

图2-5 国家体育场（鸟巢）

【探究课题】钢结构的建筑类型与特色

通过本章的学习，我们了解了钢结构的很多优势。请观察生活中的钢结构建筑，总结一下钢结构有哪些建筑类型，并从外形特征、建筑功能、工程造价、抗震性、空间利用率等方面与其他材料建成的同类型建筑进行对比分析，看一下可以得出什么结论。

本章主要从物理角度，介绍钢结构与材料力学、结构力学的关系。

钢结构与物理

第一节　力学发展简介

　　力学是物理学科中研究物质机械运动规律的科学。从宏观的天体运行，到微观的分子运动，都是力学研究的对象，机械、建筑、航天器和船舰等设计和分析都以经典力学为基本依据。几千年来，人类对力学规律的认识经历了由浅入深、由表及里的过程。

　　最早的力学知识，由人类观察自然现象和总结生产劳动经验获得。人们通过对日、月运行进行观察，了解了一些简单的运动规律如匀速的移动和转动，在建筑、灌溉等劳动中学会了使用杠杆、斜面、汲水器等器具。我国春秋时期的《墨经》（公元前 4 世纪至公元前 3 世纪）中，有涉及力的概念、杠杆平衡、重心、浮力、强度和刚度的叙述（图3-1）。同一时期的古希腊科学家亚里士多德（图 3-2）用数学解释了杠杆原理。

图 3-1　《墨经》中桔槔（汲水的工具）示意

图 3-2　亚里士多德

　　进入中世纪之后，欧洲的科学受到神学的束缚，而西亚的阿拉伯人继承并发展了古希腊和古罗马关于静力学中平衡规律和运动学方面的知识。这时，中国的科学技术仍按固有方式向前发展，力学科学仍然以和工程技术、生产应用相结合的形式出现，科技应用水平居世界领先地位，但未能做出逻辑分析推理。例如，河北的赵州桥（图3-3）巧妙地利用了拱的受力原理建造，至今尚存。山西的应县木塔采用筒式结构和各种斗拱，经受了 900 多年间地震的考验。

图 3-3　赵州桥

欧洲资本主义萌芽后，意大利诞生了现代物理学之父——伽利略（图3-4），他最早阐明了自由落体运动的规律。1678年，英国科学家胡克提出力学变形的胡克定律。1687年，英国物理学家牛顿（图3-5）提出了著名的万有引力定律，随后与德国数学家莱布尼茨先后提出了微积分学，为力学的发展奠定了基础。1725年，法国力学家皮埃尔·伐里农提出"静力学"一词。经过200多年众多科学家的不断研究，欧洲逐步形成了材料力学、结构力学、弹性力学、塑性力学等力学分支。

同一时期中国的科学技术发展落后于欧洲。明末宋应星出版的《天工开物》，标志着对中国传统科学技术的总结，但是著作仅停留在综合而不是分析、定性而不是定量的描述上，没有建立力学的科学体系。

图3-4 伽利略　　　　　　　　　　　　图3-5 牛顿

进入20世纪，狭义相对论、广义相对论及量子力学相继出现。航空业促进了流体力学的研究，科学家对地震的研究促进了弹塑性动力学的发展，新型建筑材料和建筑结构体系的出现及应用使结构力学研究得到很大进步。

20世纪60年代以来，力学进入现代力学时代。电子计算机技术的飞速发展与广泛应用，使基础科学和技术科学互相渗透融合，使宏观研究和微观研究相结合。如现代力学与天文学、地球科学的渗透，力学内部分支的综合，等等。

第二节　钢材的物理性能

1. 抗拉性能

拉伸作用是建筑材料主要的受力形式之一，抗拉性能成为建筑钢材重要的力学性能，这种性能用抗拉强度来衡量。

抗拉强度是指钢材被拉断前所能承受的最大应力（单位面积上作用的力），是金属在静力拉伸条件下的最大承载能力。金属拉伸试验机见图 3-6。

图 3-6　金属拉伸试验机

在抗拉强度测试过程中，钢材不是一下子就直接断裂，而是经过弹性、屈服、强化、颈缩四个阶段。

在弹性阶段，材料在外力作用下发生弹性变形，外力消除后，材料会恢复原来的尺寸和形状，材料内部结构没有发生变化。

在外力继续增大到一定的数值之后，材料会进入塑性变形期，材料的原尺寸和形状就不可恢复了。这个临界点的拉力值叫屈服点。材料开始出现屈服现象时所能承受的力，就是这种材料的屈服强度。进入屈服阶段后，材料原来的内部结构就被破坏了。如低碳钢的屈服极限为 207 兆帕（1 兆帕 =1000000 帕），当外力大于这个极限时，低碳钢就会永久变形。

随着屈服过程的持续，材料内部结构重新组合，材料的抵抗变形能力又重新提高，这个阶段就是强化阶段。

当拉力持续增大，材料的应力也会逐步到达最大值，变形也将达到终点，在最薄弱处发生较大的塑性变形，材料截面会迅速缩小，出现颈缩现象，直至断裂破坏。金属拉伸试验示意见图 3-7，金属拉伸的不同阶段见图 3-8。

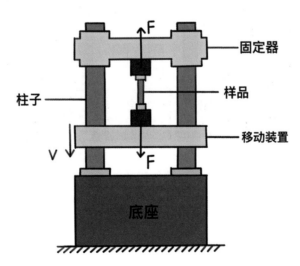

图 3-7　金属拉伸试验示意

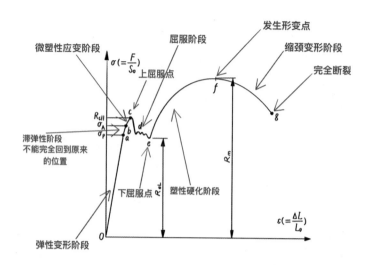

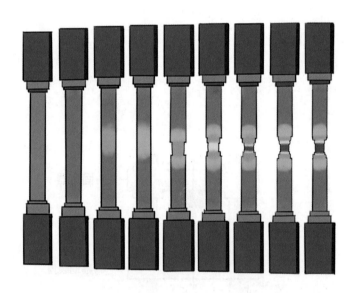

图 3-8　金属拉伸实验的不同阶段

2. 冲击韧性

　　建筑材料抵抗冲击载荷而不被破坏的能力，称为冲击韧性。重物坠落、泥石流、台风、地震等，都可能对建筑物产生直接或间接的冲击力。冲击韧性测试可以检测材料的韧性大小、内部缺陷、变脆倾向。

　　钢材的冲击韧性通过摆锤冲击试验（图 3-9）进行测定，我们把试件被冲断时缺口处单位截面面积上所消耗的功，定义为钢材的冲击韧性值。冲击韧性值越高，表明材料的韧性越好。钢材的硫和磷含量较高及内部有气泡、裂纹等缺陷，都会使钢材的冲击韧性值明显降低。此外，温度的变化对钢材的冲击韧性影响也很大。一般随着温度降低，钢材的脆性增加，冲击韧性降低，这种性质称为冷脆性。不同牌号和等级的钢材，随温度降低出现冷脆的规律有很大不同。

　　在钢结构工程建设中，所使用的钢材必须要达到冲击韧性测试指标，以更好地防止脆性破坏的发生，保证建筑物的安全。

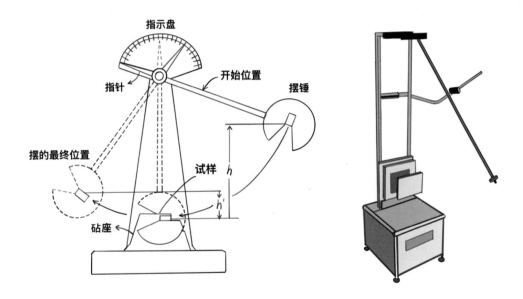

图 3-9　摆锤冲击试验示意

第三节　钢构件的受力分析

　　钢结构建筑采用不同的结构体系建造，每种体系都是由钢柱、钢梁、钢支撑、钢桁架、楼板、剪力墙等构件或单元，按照不同的受力方式组合而成。这一节我们一起来看一下几种典型钢构件的受力形式。

1. 钢柱

　　钢柱在钢结构建筑中主要起支承作用，受重力影响，被支承物传递给钢柱的压力垂直向下，同时钢柱还会受到风或地震作用等带来的水平荷载。钢柱通常由柱头、柱身和柱脚三部分组成。柱头支承上部结构并将力传递给柱身，柱脚负责把力传递到基础。

　　钢柱按截面组成形式分为实腹式（图 3-10）和格构式（图 3-11）两种。实腹式钢柱一般用 H 型钢、方钢管做柱身，腹板完整，构造简单，整体受力性能好，钢材用量较大。格构式钢柱用柱肢、缀板或缀条做柱身，稳定性好，刚度大，用料较省。

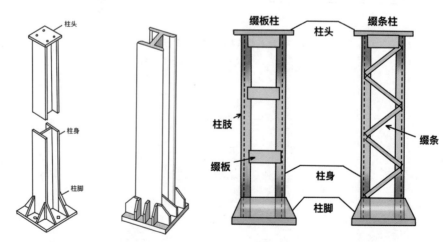

图 3-10　实腹式钢柱示意　　　　图 3-11　格构式钢柱示意

2. 钢梁

钢梁通常采用热轧 H 型钢加工而成，工艺简单。当荷载较大或跨度较大时，H 型钢受截面尺寸限制，不能满足承载力和刚度的要求，此时钢梁可按截面设计要求在工厂用钢板或型钢焊接而成。

钢梁（图 3-12）主要需要承受楼板等构件传来的竖向荷载，在框架结构中，还承受水平力的作用，这些荷载作用主要产生弯矩和剪力。钢梁通过下部受拉上部受压来承受弯矩（图 3-13）。

在正式施工前，必须对钢梁进行抗弯抗剪强度、稳定性、刚度等一系列计算，才能设计出安全实用的建筑。

图 3-12　钢梁

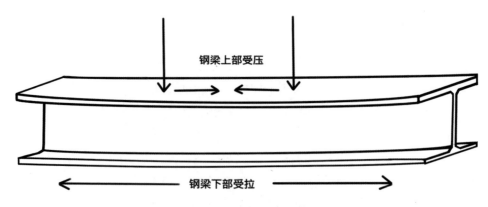

图 3-13　钢梁的受力示意

3. 桁架

　　桁架是由杆件通过焊接、铆接或螺栓连接而成的受力结构，各个杆件连接后组成三角形单元的平面或空间结构。从整体来说，桁架结构外荷载所产生的弯矩与剪力由内部桁架的上弦、下弦形成的力偶来平衡，使杆件承受轴向拉力或压力，不再出现弯矩和剪力。

　　桁架结构（图 3-14）的特点是受力合理、计算简单、施工方便、适应性强，在结构工程中，桁架常用来作为屋盖结构、吊车梁、桥梁、水工闸门、各式塔架等承重结构（图 3-15）。

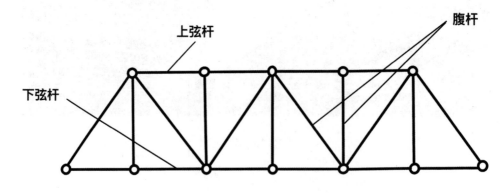

图 3-14　桁架结构示意

图 3-15 桁架的应用

桁架在钢结构中的应用很广，钢桁架与实腹梁相比是用稀疏的腹杆代替整体的腹板，并且杆件主要承受轴心力，使钢桁架特别适用于跨度或高度较大的结构。

钢桁架按外形可分为三角形、梯形、平行弦钢桁架。屋面坡度较陡的屋架常采用三角形钢桁架，屋面坡度较平缓的屋架常采用梯形钢桁架，桥梁常采用构造较简单的平行弦钢桁架。

第四节　钢结构施工中的物理

在钢结构施工过程中，需要运送重量大、体积大的建筑材料到指定位置。现代机械发明前，这些工作大部分通过人力来完成。时至今日，这些粗重的工作由一位建筑业里的"大力神"承担，它就是塔吊。

塔吊（图3-16）又名塔式起重机、塔式吊车，是高层建筑工地上必不可少的一种起重设备，主要进行建筑材料、建筑机械的搬运和起降。塔吊种类繁多，形式各异，大小不一，性能也不尽相同，共同之处是都能把重物运送到指定地点。在这个过程中，有哪些力学原理呢？

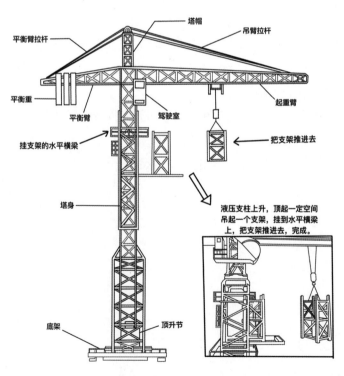

图 3-16　塔吊示意

以平臂式塔吊中的尖头式塔吊为例，它的结构包括底架、塔身、顶升节、顶底及过渡节、转台、起重臂、平衡臂、塔帽、附着装置等部件。

1. 压力和摩擦力

塔吊的底架安装在移动或固定的塔基上，通过高强度螺栓（图3-17）连接在一起，确保塔吊稳固安全。螺栓与螺母反向旋转，相对距离减小，产生压力，将连接物紧紧压合在一起，同时增加了接触面的滑动摩擦力，使连接物不容易分离或滑动。螺栓与螺母的螺纹贴合面也是通过摩擦力保持固定。

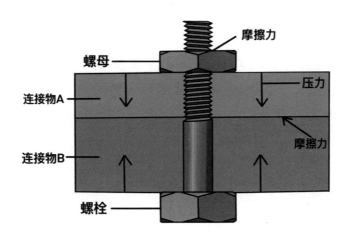

图 3-17　螺栓

2. 杠杆平衡原理

起重臂是塔吊伸出的"胳膊"，建筑材料都是由它来实现位置移动的。这个长长的"胳膊"必须随时保持平衡，否则会发生塔身倒塌等严重的安全事故。

平臂保持水平是利用杠杆平衡原理来实现的。杠杆原理也称为杠杆平衡条件（图3-18），指作用在杠杆上的动力和阻力的大小与它们的力臂成反比。

公式为：$F_1 \cdot L_1 = F_2 \cdot L_2$（动力 × 动力臂 = 阻力 × 阻力臂）。

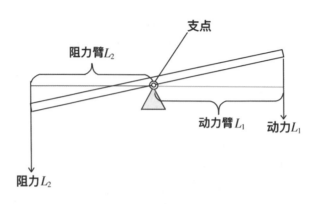

图 3-18　杠杆平衡条件

平衡臂是平臂式塔吊长臂的平衡器，和起重臂连成一体，一般比起重臂短很多（图 3-19）。

图 3-19　平臂式塔吊

3. 定滑轮和动滑轮

　　载重小车的移动、重物的吊升施放、平衡重块的移动，都是由塔吊上的定滑轮、动滑轮配合钢缆绳进行牵引的。

　　定滑轮的滑轮中心固定不动，其功能是改变力的方向。当牵拉重物时，可使用定轮滑将施力方向转变为容易出力的方向，施力牵拉的距离等于物体上升的距离，既不省力也不费力。动滑轮的滑轮中心可以移动，其作用是减少牵引所需力的大小。最简单的动滑轮系统可减少一半牵引力，因做功不变，牵引距离变为原来的 2 倍。包含更多动滑轮的滑轮组可以减少更多所需牵引力。

　　定滑轮和动滑轮示意见图 3-20。

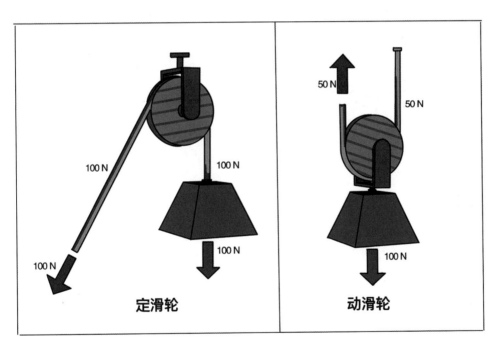

图 3-20　定滑轮和动滑轮示意

钢结构是怎样"炼"成的（初中版）

实例分析

如图3-21（甲）所示，这是一种塔式起重机的简图。为了保证起重机起重时不会翻倒，在起重机右边配有一个重物 m_0，已知 $OA = 12$ m，$OB = 4$ m，配重的质量为 $6×10^3$ kg，用它把一定质量的货物 G 匀速提起。

问：（1）若起重机自重不计，吊起货物为使起重机不翻倒，则左边货物 G 的最大质量为多少？

（2）假设起重机吊臂前端是由如图3-21（乙）所示的滑轮组组成，每个滑轮的质量是 100 kg，若绳重和摩擦不计，匀速提起第（1）问中的货物 G，则拉力 F 的大小是多少？如果把货物 G 以 0.1 m/s 的速度匀速提升，用时 5 min，绳子自由端运动的距离是多少？（$g=10$ N/kg）

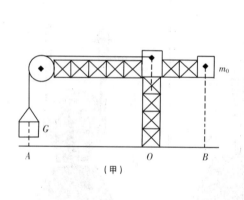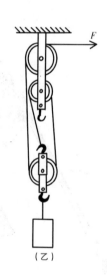

图 3-21　塔式起重机示意

解：（1）由杠杆平衡条件得：

$$G×OA = G_0×OB,$$
$$mg×OA = m_0g×OB,$$

左边货物 G 的最大质量：

$$m = \frac{OB}{OA} \times m_0 = \frac{4 \text{ m}}{12 \text{ m}} \times 6 \times 10^3 \text{ kg} = 2 \times 10^3 \text{ kg}。$$

（2）由图可知，绳子的有效段数 $n=3$，绳重和摩擦不计，拉力 F 的大小是：

$$F = \frac{G_物 + G_动}{n} = \frac{(m_物 + m_动) g}{n}$$

$$= \frac{(2 \times 10^3 \text{ kg} + 100 \text{ kg}) \times 10 \text{ N/kg}}{3} = 7000 \text{ N};$$

若把货物 G 以 0.1 m/s 的速度匀速提升，用时 5 min，则货物升高的高度为：

$h = vt = 0.1 \text{ m/s} \times 5 \times 60 \text{ s} = 30 \text{ m}$,

绳子自由端运动的距离为：

$s = nh = 3h = 3 \times 30 \text{ m} = 90 \text{ m}。$

【小贴士】建筑跨度简史

千百年来，人类始终在寻求建造出跨度更大、空间更大的建筑，以便满足各种公共活动的需要。

早在古罗马时期，人们利用砖石建造拱顶或穹顶。始建于公元前14年、重建于公元123年的罗马万神庙，是建筑史上最早的大跨度拱结构，中央大殿半球形穹顶跨度达到43.5米，其跨度纪录直到19世纪才被打破。中国古代的能工巧匠发明了独具特色的榫卯结构，利用木材构筑大型宫殿或寺庙，跨度可以达到20-30米。

19世纪以来，工业革命促进了科学技术的进步，钢铁材料的出现使得建筑结构发生革命性的变化。1889年法国巴黎世博会机械馆，其钢结构三铰拱跨度达到115米。同一时期，钢筋混凝土也开始广泛应用于房屋建筑。1925年德国耶拿市采用钢筋混凝土制作的球壳屋顶，直径达到40米，是第一个真正意义上的薄壳结构。1931年，由中国建筑师吕彦直主持设计的广州中山纪念堂落成，八角形钢结构屋顶跨度达到71米，会堂内部不见一柱。

第二次世界大战以后，大跨度建筑理论和技术突飞猛进，建筑跨度纪录更是被屡屡突破。1979年建成的美国底特律体育馆，其网壳结构跨度为当时世界之最，达到207米；1993年，日本福冈体育馆将这一纪录拓展到222米。

及至21世纪，英国伦敦泰晤士河畔的"千年穹顶"，覆盖的圆形平面直径达320米；2008年北京奥运会主体育场——国家体育场，最大跨度260米；2009年建成的中国国家大剧院，采用半椭球形钢结构壳体，跨度为212×143米；近期落成的阿联酋阿布扎比新机场航站楼，主拱跨度180米，创下了国际上机场航站楼钢结构凌空跨度最大的新纪录。

为了创造舒适、清洁、节能的未来新型城市，先锋工程师们研究了跨度为500-1000米的穹顶空间，用以覆盖一个街区，调节区域气候。人类对建筑跨度的追求永无止境。

【探究课题】了不起的中国造——央视大楼

中央电视台总部大楼（图3-22）是当代著名的钢结构建筑。它的两座塔楼双向倾斜6°，在162 m高空分别向南和向西外伸出67 m和75 m的悬臂，二者交汇在一起，下方没有任何支撑。请查阅资料并结合力学原理，分析央视大楼在设计、施工中用哪些方式完成了这项"不可能完成的任务"。

图 3-22 中央电视台总部大楼

钢结构与化学

本章主要从化学角度，分析钢结构遭受破坏、侵蚀的原理，以及如何做好钢结构防护。

第一节　钢结构与火

从一定意义上说，钢铁也是怕火的。在金属活动性列表中，铁元素的活动性排在氢元素的前面，较易发生氧化反应。初中化学"铁丝在氧气中燃烧"的实验就非常直观地证明了这一点——将纯铁丝蘸酒精点燃，或缠到火柴棍上点燃火柴，伸进装满氧气的集气瓶，即可见到铁丝剧烈燃烧的情形（图4-1）。

这里发生的化学反应是单质铁和氧气在点燃的条件下生成四氧化三铁。

化学反应式：$3Fe+2O_2 \rightarrow Fe_3O_4$

图4-1　铁丝在纯氧中燃烧

实验中的点燃温度并不高，150～600 ℃即可满足，而且氧气浓度越高，这种剧烈的氧化反应就越容易发生。

在正常的空气中，即使是纯铁，也因为氧气浓度不够高，而不会产生"燃烧"现象。当然，没有燃烧不代表氧化反应没有进行，只是速度很慢，程度没那么剧烈。

现实生活中常见的钢铁制品、钢铁建材都是铁碳合金，化学性质稳定，自然条件下不会发生燃烧现象。但随着温度的升高，铁碳合金作为高导热体，它的物理性质则会发生明显变化。

一般情况下，温度达到 450 ℃左右，钢材的强度会明显下降；温度达到 650 ℃左右，钢材会完全失去承载能力，发生很大的形变，导致梁柱弯曲、结构坍塌。

通常，这种温度在火灾（图 4-2）中很容易达到。因此，各国相关规范都规定必须在钢结构上采取防火措施，必须符合相应的国家标准，钢结构才能通过验收。

图 4-2　火灾

第二节 钢结构与酸

我们知道，铁的金属活动性强，容易与酸发生置换反应。钢结构在未经保护的状态下，超过一定时间，会出现变色、生锈、起鼓变形等状况，这是钢材被腐蚀的后果。

酸是指电离时产生的阳离子全部是氢离子的化合物，如 H_2SO_4（硫酸）、HCl（盐酸）、HNO_3（硝酸）、H_2CO_3（碳酸）等。活泼金属与酸发生反应时，生成盐和氢气。

例：$Fe + H_2SO_4 \rightarrow FeSO_4 + H_2 \uparrow$

上述反应中，铁和稀硫酸常温下即可发生反应得到硫酸亚铁（白色粉末无气味，结晶水合物为浅绿色晶体，俗称"绿矾"），并释放出氢气。

钢结构长期暴露在空气、水、土壤中，这些环境都有各种形式的酸存在，如酸雨中的硫酸、硝酸。如果不进行酸腐蚀防护，钢材会出现锈蚀（图 4-3）、酥裂，材料的强度韧性迅速降低，严重影响建筑物安全。

钢结构建筑不仅在前期要进行各种防腐蚀措施的设计，施工中做到精准无误，还要注意后期检查维护，这样才能更好地防止损伤。

图 4-3 锈蚀的钢材

第三节 钢结构与盐

在化学中，盐指的是一类由金属阳离子或铵根离子与非金属阴离子或酸根阴离子结合成的离子化合物。除了我们通常使用的食盐（氯化钠），生活中还有很多常见的盐，如制作糕点用的发酵粉（碳酸氢钠）、消毒用的高锰酸钾、大理石和石灰石的主要成分碳酸钙等。盐还可以细分为正盐、酸式盐、碱式盐。

在熔融状态或水溶液中，盐可以电离出金属阳离子和酸根阴离子。酸式盐在溶液中显酸性，例如 $NaHSO_4$（硫酸氢钠）。上一节我们提到钢结构在酸性条件下容易被腐蚀，所以我们在使用钢结构的时候还要注意避免与酸式盐的直接接触。

铁还可以和一些活动性差的金属盐溶液发生反应。我国 2000 多年前的《淮南万毕术》中就有"曾青得铁则化为铜"的记载——曾青又名空青、白青和胆矾，是天然含水硫酸铜矿（$CuSO_4 \cdot 5H_2O$），把铁放入硫酸铜溶液即可置换出铜。这说明我国在西汉时期已经发现并记载了该原理，到了宋代，这种工艺成为大量生产铜的主要方法。

湿法炼铜的化学反应原理：

$CuSO_4$（盐溶液）+ Fe（金属）→ $FeSO_4$（新盐）+ Cu（新金属）

我们所处的自然环境是一个多盐的环境，除了上述两种盐腐蚀的方式，铁还可以和强酸弱碱盐的溶液发生反应，如铁和氯化铁反应生成氯化亚铁。

化学反应式是：

$$Fe + 2FeCl_3 \rightarrow 3FeCl_2$$

此外，盐酸盐溶解后产生的氯离子也会对钢形成腐蚀，也就是说最常见的盐水也可以腐蚀钢铁。当然，氯离子的腐蚀作用不是简单的化学反应，例如发生在不锈钢表面的点蚀现象——氯离子半径较小，扩散比较困难，当氯离子运动到不锈钢表面时，就会附着，把不锈钢

表面上的钝化膜一点点"剥"下来，直到钝化膜出现微观缺口，迅速形成一个腐蚀出来的深坑，这种现象被称为点蚀。除了点蚀之外，氯离子还会造成应力腐蚀、缝隙腐蚀。

　　我们在桥梁建设和沿海地区钢结构设计和施工环节，除了要考虑空气中氧化性物质腐蚀外，还要注意盐类物质对钢结构的侵蚀作用。"盐"环境见图 4-4。

图 4-4　"盐"环境

第四节　钢结构与水

为什么钢铁在干燥的空气中不易生锈，在潮湿空气中却很容易生锈呢？

钢铁在相对干燥的空气中被氧化是一个缓慢的过程，主要反应为：$4Fe+3O_2 \rightarrow 2Fe_2O_3$，表现为钢铁表面有橙褐色铁锈产生。钢铁在潮湿的空气中，由于水的存在，反应速度加快，会出现电化学腐蚀（当不纯的金属与电解质溶液接触时会发生原电池反应，比较活泼的金属发生氧化反应而被腐蚀，这种腐蚀就是电化学腐蚀）。

在潮湿的空气中，钢结构表面会形成一层薄水膜，空气中的 CO_2（二氧化碳）、SO_2（二氧化硫）、H_2S（硫化氢）等物质溶解在其中形成电解质溶液，并与钢铁制品中的铁和少量单质碳构成原电池。由于条件不同，钢铁的电化学腐蚀可分为析氢腐蚀和吸氧腐蚀这两种类型（图4-5）。

在酸性水中，由于在腐蚀过程中不断有 H_2 放出，所以叫做析氢腐蚀，有关反应如下：

正极反应：$2H^+ + 2e^- = H_2\uparrow$

负极反应：$Fe - 2e^- = Fe^{2+}$

电池总反应：$Fe + 2H^+ = Fe^{2+} + H_2\uparrow$

如果吸附在钢结构表面的水膜酸性很弱或呈中性，但溶有一定量的氧气，此时就会发生吸氧腐蚀，有关反应如下：

正极反应：$O_2 + 2H_2O + 4e^- = 4OH^-$

负极反应：$2Fe - 4e^- = 2Fe^{2+}$

电池总反应：$2Fe + O_2 + 2H_2O = 2Fe(OH)_2$

电池反应生成的氢氧化亚铁在空气中会被进一步氧化生成氢氧化铁：

$4Fe(OH)_2 + 2H_2O + O_2 \rightarrow 4Fe(OH)_3$

氢氧化铁不稳定，在空气中很容易分解生成水和氧化铁（Fe_2O_3），这也就是我们熟悉的铁锈的主要成分。

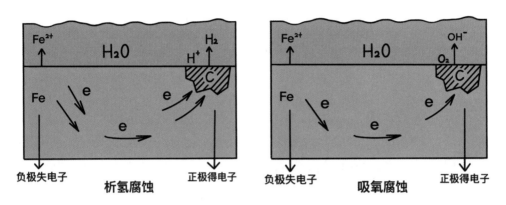

图 4-5 析氢腐蚀和吸氧腐蚀

铁的吸氧腐蚀是钢铁在自然界中腐蚀的主要形式。因此，钢结构在实际应用场景中，必须做好相应的防腐蚀处理，以更好地保证建筑物的使用年限。如港珠澳大桥，见图 4-6。

图 4-6 港珠澳大桥

第五节　钢结构防火

　　高温、酸、碱、盐、氧等诸多因素都可能对钢结构产生破坏或腐蚀，因此，需要给钢结构穿上防火、防腐这两件"防护服"，才能让钢结构更耐久、更安全、更美观。

　　钢结构的防火措施主要有使用防火涂料、使用耐火钢和追加防火层等。

防火涂料

　　防火涂料按照防火机理来分，可分为非膨胀型和膨胀型两种。非膨胀型防火涂料的主要成分是无机绝热材料，依靠涂料自身难以燃烧的特点，在受热条件下分解出不燃气体降低氧气浓度，阻止燃烧。涂料本身耐烧隔热，保护钢结构不受高温和明火攻击。膨胀型防火涂料的主要成分是有机树脂、发泡剂、碳化剂等，除具有非膨胀型防火涂料阻燃隔热的特点外，在高温或火焰作用下，涂层剧烈发泡碳化，形成一个比原涂层厚几十倍乃至几百倍的难燃性海绵状碳质层，进一步强化阻燃隔热作用。防火处理示意见图4-7。同时，碳质层在分解、蒸发

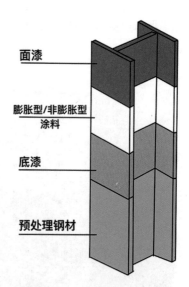

图4-7　防火处理示意

和碳化过程中还可以吸收大量热量，达到降低燃烧温度和火焰传播速度的作用。中央电视台总部大楼非膨胀型防火涂层见图4-8。

图 4-8　中央电视台总部大楼非膨胀型防火涂层

耐火钢

　　耐火钢是指钢铁冶炼过程中，增加熔点高的铬（Cr，熔点 1907 ℃）和钼（Mo，熔点 2620 ℃）元素，可以使钢材在 600 ℃高温下，1～3 小时内屈服强度不低于其常温性能的 2/3，极大地提高钢材耐火性能。耐火钢的强度—温度关系曲线见图 4-9。冶炼中还会加入铜（Cu）、镍（Ni）、铌（Nb）、钒（V）、钛（Ti）、硼（B）、铼（Re）等元素，减少材料裂纹，增加可

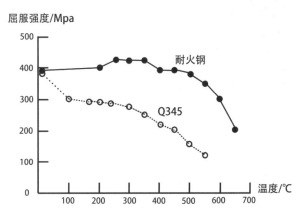

图 4-9　耐火钢的强度—温度关系曲线

焊性，控制材料内部结晶，综合提高钢材耐火品质。与普通钢相比，耐火钢具有良好的耐高温特性，它是一种新型结构用钢材，可用于建筑物的柱和梁等主要构件，可减少防火涂层的使用甚至不使用防火涂层。

防火层

防火层是指用纤维水泥板、蛭石板、珍珠岩板、硅酸钙板等轻质防火板材直接包裹钢构件，形成防火屏障。在实际的工程应用中，也有使用砌筑耐火砖墙或浇筑钢筋混凝土防火层对钢构件进行隔热防火保护的案例，见图4-10。

图4-10　浦东世界金融大厦浇筑混凝土防火

第六节 钢结构防腐

钢结构防腐目前主要采用涂刷防腐涂料、使用耐候钢和牺牲阳极的阴极保护法三种办法。

涂刷防腐涂料

涂料的保护基于三个基本原理：一是屏障保护，利用涂层膜形成屏障，将钢铁表面和环境中的电解质隔离，在钢铁表面形成一道阻隔水蒸气和氧气等的屏障；二是化学抑制，通过在涂料中添加有效化学成分，抑制金属阳极或阴极反应；三是电流（阴极）保护，利用涂料中的大量金属（锌、铝等）粒子积聚对钢铁产生电流保护，如同在钢铁表面上形成锌（铝）阳极。

防腐涂料的选择，需要综合考虑建筑所处的环境、使用功能、经济性、耐久性、稳定性等因素。常用的涂料有醇酸涂料、酚醛涂料、富锌涂料、环氧涂料、氟碳涂料、氯化橡胶涂料和有机硅涂料等。重庆朝天门长江大桥防腐涂料涂装见图4-11。

图4-11 重庆朝天门长江大桥防腐涂料涂装

耐候钢

　　耐候钢又名耐大气腐蚀钢，是在普通碳素钢中加入少量铜、铬、镍等耐腐蚀元素制成。这些元素使钢材表面形成致密的氧化膜，将内部基体与外部腐蚀环境隔离，阻碍锈蚀的产生，直接提高钢材的耐大气腐蚀性能。耐候钢可以裸露使用，省工降耗，是融合现代冶金新技术、新工艺的可持续发展的创新钢系。例如耐候钢应用于南极长城站（图4-12）。

图4-12　南极长城站

牺牲阳极的阴极保护法

　　牺牲阳极的阴极保护法又称为牺牲阳极保护法。这种方法将还原性较强的金属作为保护极，与被保护金属相连构成原电池，还原性较强的金属发生氧化反应而消耗，被保护的金属就可以避免腐蚀。牺牲阳极保护法常用于跨海大桥的钢桥墩、海洋平台、地下管道等水下、地下钢结构。牺牲阳极的材质主要是锌、铝、镁（图4-13）。

图4-13　地下管道用的牺牲阳极金属

实例解析

图4-14显示了初中阶段探究铁的化学性质的部分实验，请回答下列问题。

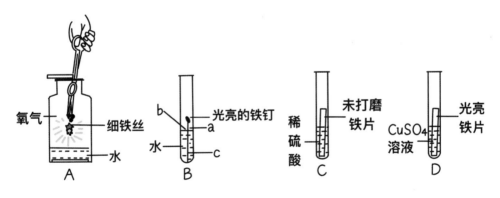

图4-14　铁的化学性质实验

（1）A中细铁丝燃烧生成黑色固体的化学式是_____。

（2）B中铁钉最易生锈的部位是____（选填"a""b"或"c"）。

（3）C中刚开始无气泡产生，溶液颜色逐渐由无色变为黄色，用化学方程式表示溶液变为黄色的原因_____。

（4）D中反应一段时间后，试管内固体质量比反应前增大，据此推断，试管内溶液质量与反应前相比_____（选填"增加""不变"或"减少"）。

解：

（1）A中细铁丝燃烧生成的黑色固体是四氧化三铁，其化学式是Fe_3O_4，铁在空气中缓慢氧化生成的才是我们熟悉的棕红色的铁锈（主要成分为Fe_2O_3），故填：Fe_3O_4。

（2）铁与水和氧气同时接触易生锈，故B中铁钉最易生锈的部位是b，故填：b。

（3）C中溶液颜色逐渐由无色变为黄色，是氧化铁与稀硫酸反应生成硫酸铁和水，化学方程式为$Fe_2O_3 + 3H_2SO_4 = Fe_2(SO_4)_3 + 3H_2O$。

（4）$Fe + CuSO_4 = FeSO_4 + Cu$

      56   160   152   64

反应后生成的是硫酸亚铁，其相对分子质量比硫酸铜的相对分子质量小，溶液的质量减少，故填：减少。

分析：

本题主要涉及初中化学中铁的化学性质，铁锈蚀的条件及其防护，书写化学方程式、文字表达式，如何利用化学计量数进行简单的计算。可见，初中阶段就要好好掌握基础科学，这样才能学以致用，更好地利用科学方法除锈、防锈。

【小贴士】"9·11事件"纽约世贸大厦倒塌的原因

2001年9月11日，美国纽约发生了一件震惊世界的惨案——恐怖分子劫持客机撞向400多米高的世贸中心双子塔，两栋塔楼相继倒塌（图4-15）。这次事件导致近3000名无辜人士丧生。

世贸中心双子塔是典型的钢结构建筑。事件发生后，人们不禁产生疑问：钢结构建筑安全吗？专家调查分析发现，大厦倒塌有三个方面原因。

两架飞机冲向大厦后，撞击和爆炸损毁了1/3左右的承重结构，结构直接受损是大厦倒塌的第一个原因，但是其他未受损结构仍可提供足够的支撑，不会使大厦整体垮塌。

飞机撞击大楼的同时，燃油立即倾注到楼层、电梯井和管道井，引起爆燃，很快就产生了近1100 ℃的高温！高温下的钢结构承重能力持续降低，最终难以承受撞击部位以上的楼体，这是倒塌的第二个原因。

两座大厦被撞击部位均是中上部，顶部失去支撑后，如重锤砸下，冲击荷载越来越大，最终导致整栋大厦被压垮！这是倒塌的第三个原因。

世贸中心合理的结构体系和设计施工，使大厦从撞击到倒塌之间隔开了1小时左右，也正是这1个小时，为撞击部位以下的幸存者疏散赢得了宝贵时间。遇难人员主要是机组人员、撞击部位及以上楼内人员，以及消防员。

2014年，新的纽约世贸中心1号楼在原址附近落成，仍采用钢结构。

（ⓒ U.S. Navy photo by Chief Photographer's Mate Eric J）

图4-15 世贸中心大厦倒塌后的废墟

【探究课题】钢结构会"疲劳"吗

　　双手握住一根铁丝，重复进行快速弯曲、拉直的动作，会发现在弯折部位有发热现象产生，动作持续，铁丝会折断。这是典型的金属疲劳现象。想一想，钢结构在实际应用的场景中，是否有导致金属疲劳的情形存在？你觉得在结构设计或防护上需要做哪些工作才能尽量避免这种现象产生？

第五章 钢结构的发展

本章主要从高性能材料、新型结构体系、建筑工业化等方面介绍钢结构行业的发展状况。

第一节 高性能钢

从 20 世纪开始，世界上主要产钢国家相继开展高性能钢的研发。美国很早即着手这项研究，将高性能钢应用于造价经济的钢桥之中，并于 1992 年成立了高性能钢指导委员会。日本于 1964 年开始在桥梁建设中应用耐候钢，在 1997 年又提出了"超级钢"计划。韩国在 1998 年提出了"高性能结构钢"计划。欧洲致力于建立高性能钢设计规范，并将高性能钢用于桥梁之外的建筑结构中。我国在 20 世纪末开始研发高性能钢，国家"973 计划"（国家重点基础研究发展计划）的实施，使高性能钢的设计、应用逐步深入，新钢系得以发展。

高性能钢指通过现代冶炼技术，在钢材加工过程中加入其他元素，或通过热处理工艺、冷作硬化等方式加工的钢材。这种钢材在强度、韧性、可焊性和抗腐蚀性等方面明显优于传统钢材。

高性能钢材研发主要有以下四个方向：

（1）高强度钢：目前各国普遍将屈服强度超过 420 MPa 的钢材称为高强钢，将屈服强度高于 690 MPa 的钢材称为超高强钢。高强度钢主要是为了满足建筑高层化、大跨度的需求。

例如，德国柏林的索尼中心大楼（2000 年建成）采用了 S460 和 S690 高强度钢材，有效减小了构件截面，降低了结构自重；中央电视台总部大楼（2012 年竣工，图 5-1）使用 Q420、Q460 等高强 H 型钢产品，实现了建筑物的倾斜、悬挑；广州塔（昵称小蛮腰，2009 年竣工）全部采用高强钢，钢结构总重 5.5 万吨，"细腰"最小处直径仅 30 米左右，可抗 8 级地震、12 级台风。

图 5-1　施工中的中央电视台总部大楼

（2）低屈服点钢：习惯上称为"软钢"，主要通过降低钢材中的碳及其他合金元素的含量，使钢材的屈服强度降低为普通钢材的 1/3，变形能力提高为普通低碳钢的 2 倍左右。"软钢"能吸收大量能量，主要用于制作耗能装置，增强建筑的抗震性能。

（3）耐火结构钢：在第四章第五节，我们初识了耐火钢。耐火钢的概念在 20 世纪 80 年代由日本提出，欧美、日本、韩国和澳大利亚等国家相继开展了耐火钢的研究和生产。这种新型结构用钢材的耐高温特性显著。我国在 20 世纪 90 年代后期也开始耐火钢的研究开发工作，并取得了一定的成功，但目前耐火钢在我国应用相对还不普遍。

例如，中国残疾人体育艺术培训基地（2003 年建成）使用了 200 多吨耐火耐候钢管；北京国家大剧院（2007 年竣工）使用了近 300 吨耐火耐候钢管，用于钢管劲性柱。

（4）耐候钢：在第四章第六节，我们初识了耐候钢。随着钢结构的应用日益广泛，原有的防腐技术暴露出施工时间长、维护成本高的缺点。因此，钢结构的防腐研究向着无涂料保护的方向发展，从而产生了耐候钢（图 5-2）。耐候钢是耐大气腐蚀性能良好的低合金钢，是世界超级钢技术前沿水平的系列钢种之一。

　　例如，美国在 1933 年推出 COR-TEN-A 型低合金耐候钢，1965 年开始使用裸耐候钢；日本于 1955 年开发耐候钢，于 1967 年将裸耐候钢首次应用在桥梁上。

　　除以上几种高性能钢外，高效焊接钢、不锈钢等也是未来高性能钢重点研究开发的方向。

　　高性能钢的研发和应用，可以有效降低材料的用量和成本。从炼钢角度讲，钢产量降低意味着降低了碳排放量，更为环保。如果将材料优势与设计施工优化结合，就可以显著降低成本，降低对资源的消耗。

图 5-2　耐候钢的应用

第二节 新型结构体系

人们对空间更大、跨度更大、高度更高一直有着不懈的追求。受传统建筑材料性能的限制，建筑设计师梦幻般的想象力无法付诸实践。钢铁进入建筑领域后，材料相对昂贵又使钢结构的应用仅限于大型基建设施。

当前，钢铁产量的不断提高，新型高性能钢的不断面世，以及现代工业化钢结构制造技术、安装技术的普及，使钢结构产业的应用场景迅速铺开。

传统的建筑体系以满足人类居住、空间使用、交通运输等需求为主。钢结构在此基础上，逐步形成以钢框架为主的多高层建筑结构体系，以网架、网壳、桁架、拱架、索为主的大跨结构体系。

框架结构是以柱和梁为主要构件组成的具有抗剪和抗弯能力的结构，框架与筒体或支撑组合，创造了诸多性能优异的建筑杰作。

图 5-3　深圳地王大厦

　　例如，深圳地王大厦（图5-3）采用框架—筒体结构，中心部位筒体为主要抗侧力结构，外围钢框架与核心筒一起承担竖向与水平荷载，创造了当时世界上超高层建筑最"扁"、最"瘦"的记录。

　　网架结构是按照一定规律布置的杆件通过节点连接而形成的平板型或微曲面型空间结构，其常见节点为焊接球节点、螺栓球节点，其杆件主要承受轴向力，截面相对较小，自重轻、刚度大、抗震性能好，适用于机场航站楼、体育场馆、影剧院、车站候车厅等公共建筑。

　　例如，第一届全国青年运动会主赛场福州奥林匹克体育中心采用的就是网架结构（图5-4）。

图5-4　福州奥林匹克体育中心

　　立体桁架结构由上弦杆、腹杆与下弦杆构成，横截面为三角形、四边形或异形。其常见节点为相贯节点，杆件受力以轴向拉、压为主，结构稳定性好，侧向刚度大，适用于文体场馆、交通港站、歌剧院等大跨度公共建筑。

例如，广东（潭洲）国际会展中心首期工程，屋面主要采用倒三角圆管立体桁架结构，最大跨度 88 m（图 5-5）。

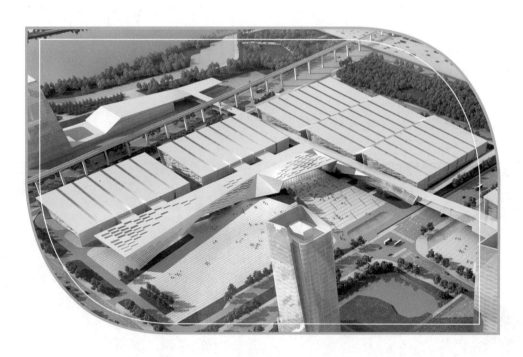

图 5-5　广东（潭洲）国际会展中心

索结构是将预应力与空间钢结构相结合的新型结构，在空间钢结构中增加高强度索，并对索施加预应力，充分发挥钢材弹性范围内强度，提高结构承载能力。其结构变形小，节约钢材，降低造价。常见形式有张弦梁、张弦桁架、悬索桥、预应力索网、弦支穹顶等，适用于桥梁、文体场馆、交通港站等大跨度公共建筑。

例如，1999 年建成的上海浦东国际机场 T1 航站楼，12 m 以上结构全部采用钢结构，屋盖跨越采用预应力张弦梁，上弦与腹杆为刚性杆，下弦为钢索。腹杆上端以销轴与上弦相连，下端通过索球与钢索相连。为保持结构稳定、增加侧向刚度，结构中还以不同的方式布置了钢索，如此规模的大跨度张弦结构在我国是首次采用（图 5-6）。

图 5-6 上海浦东国际机场 T1 航站楼

在传统建筑体系外，设计师和建筑师们还在不断尝试更具艺术性或实用性的建筑结构。

例如张拉整体结构，是一种存在预应力才能自平衡的铰接结构。如图 5-7 所示的澳大利亚布里斯班张拉整体桥，设计很有艺术感，整体设计由杆和索组成，极富神秘性，给人们带来了更多的想象空间。

图 5-7 澳大利亚布里斯班张拉整体桥

再如可展结构。20 世纪 60 年代后期，航天领域开发了一种新型结构构造物，它由采用高比强度、高比刚度、高几何稳定性、超低热胀系数的宇航材料制作而成，可以随用途折叠或打开。

可展结构在现代建筑中已经开始小范围实验，如荷兰一家公司把窗户设计成可展结构，平时是落地窗，一个按键就能展开变成露天阳台。再如美国亚特兰大梅赛德斯奔驰体育场，屋顶的可展结构设计让人觉得进入了外星飞船（图 5-8）。

图 5-8　梅赛德斯奔驰体育场屋顶

第三节　建筑工业化

　　建筑工业化指通过现代化的制造、运输、安装和科学管理的生产方式来代替传统建筑业中分散的、低水平的、低效率的手工业生产方式。它的主要标志是建筑设计标准化、构配件生产工厂化、施工机械化和组织管理科学化。

　　传统的建筑方式将设计环节与建造环节分离，设计仅从建筑结构考虑，没有将施工方法、技术规范等纳入设计中，施工中一般采用露天现场加工建材方式，以手工作业为主，人力、物力浪费大，污染严重，施工效率低，建筑质量较难保证。

　　建筑工业化要求设计、施工一体化。在设计环节，把构配件标准、建造阶段的配套技术、建造规范等都纳入设计方案中，实行标准化设计、构配件工厂化生产、现场装配的生产流程，设计方案同时作为构配件生产标准及施工装配的指导文件。与传统建筑生产方式相比，建筑工业化极大地提升了工程的建设效率，真正做到了节能环保，建筑质量得到可靠保障。

　　目前，我国钢结构建筑工业化的时机已经成熟。

　　钢产量连年居世界首位，为我国钢结构发展提供了充足的原材料供应。钢材产量和质量持续提高，国家政策从节约用钢、合理用钢转向鼓励用钢。

　　数字化、智能化的工业化应用，例如建筑信息模型（building information modeling，BIM）、数控等离子切割技术、智能自动组装、全自动焊接、三维模拟预拼装技术、无气喷涂技术等（图5-9），为钢结构设计、制作、施工提供了优质可靠的技术保障。

　　钢结构建筑的工业化，不仅是我国城乡建设领域绿色发展、低碳循环发展的重要举措，而且是稳增长、促改革、调结构的重要手段，还是打造经济发展"双引擎"的内在要求。

图 5-9　智能制造

【小贴士】钢结构与中国"天眼"

中国"天眼"（five-hundred-meter aperture spherical radio telescope, FAST）的学名是 500 m 口径球面射电望远镜，是目前全球最大且最灵敏的射电望远镜（图5-10）。它能刺穿"光年之外"，刷新宇宙深空的天图，能巡视宇宙大爆炸"踪迹"，洞悉宇宙"前世"……这意味着人类向宇宙未知地带探索的眼力更加深邃，眼界更加开阔。

图5-10　中国"天眼"

自2016年落成启用到2021年初，我国借助"天眼"已发现300多颗脉冲星，取得了一系列科学成果，受到全球科学界的热切关注。2021年3月31日，中国"天眼"正式向全球天文学家开放，与世界共见未来。

中国"天眼"的外部结构主要由反射面和馈源舱组成。

反射面相当于"天眼"的"视网膜"，是一张由6670根钢索编织的索网，悬挂在一个由 50 根巨大钢柱支撑的直径 500 米的钢圈梁上，索网上铺有 4450 块反射面单元，用来收集和观测天文信号。

馈源舱相当于"天眼"的"瞳孔"，重约 30 吨，由 6 座钢结构支撑塔伸出的拉索悬挂在"视网膜"以上 140 米高的位置，用来接收宇宙信号。

"天眼"与世界上已有的单口径射电望远镜最大的不同在于，"天眼"可以"转动"！为了对宇宙电磁波进行有效跟踪，"瞳孔"和"视网膜"要相应变换角度。

为了实现这个世界首创设计，科学家们在索网下方安置了 2225 根下拉索，每一根下拉索都被固定在地面的作动器上，通过操纵作动器，拉动下拉索，达到改变"视网膜"形状的目的。

"视网膜"形状的变化使信号反射后的焦点也发生变化，因此"瞳孔"必须同步调整角度和空间方位，才能保证信号的顺利接收。科学家们通过控制拉住"瞳孔"的 6 根钢索的长短来实现"瞳孔"的毫米级位置控制。每一个功能的实现，都是科学家们智慧和汗水的结晶。

中国"天眼"是一个现代工程奇迹，它凝结了 20 多个科研机构、上百名科研人员的心血，汇聚了几千名一线工人的汗水。它将承载着中国四代科学家的夙愿，与世界各国携手推动人类对宇宙的探索和认知。

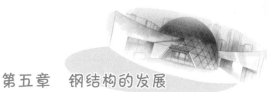

【探究课题】如何让建筑更"健康"

　　绿色、环保是永恒的主题。请思考：如何让建筑功能更强大、结构更安全、更符合人类的环保理念？

本章主要从市场需求、产业升级方面介绍钢结构产业的发展前景。

第六章

钢结构的行业展望

第一节　如火如荼　方兴未艾

　　钢结构产业是随着钢铁产业的壮大逐步发展起来的。早期钢结构主要用于大型标志性建筑，钢铁产业进入成熟期后，钢结构产业也随之进入高速发展期。

　　我国的钢结构产业从 20 世纪 90 年代开始快速发展。随着国民经济的良性运行，人民生活水平不断提高，人们对建筑的安全、功能、多样化提出更多需求。国内钢结构企业在钢铁工业跨越式发展的前提下，不断学习吸收国外先进的理念、技术，引进国外先进的加工安装设备，整体技术水平迅速提高，已经达到西方同类企业的水平，钢结构产业呈现繁荣景象。如图 6-1 所示，中国钢结构产品已走向海外。

图 6-1　钢结构出口

20 多年来，各行各业对钢铁的需求量猛增，钢铁行业相应得到了长足发展，钢铁企业、钢铁冶炼项目不断增加，产能迅速提高。据国家统计局公布的数据，2020 年我国粗钢产量 10.53 亿吨，占 2020 年度全球粗钢产量的 56.5%，约为美国的 14 倍，日本的 12 倍（图 6-2）。

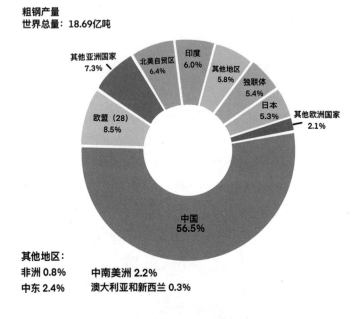

图 6-2　2020 年钢铁产量分地区构成

当前，我国每年生产的钢铁约 35% 用于建筑行业，约 17% 用于基础设施建设，约 14% 用于机械领域，约 11% 用于加工制造业，其余用于出口。在建筑行业用钢量中，仅有约 16.5% 用于钢结构，可见钢结构的应用市场还远远没有打开。

近年来，国家连续出台政策，鼓励、规范钢结构产业的发展。"十四五"规划和 2035 年远景目标纲要，都专门提出要发展智能建造，推广绿色建材、装配式建筑和钢结构住宅，建设低碳城市。在国家政策的指引下，市场需求被不断释放，建筑行业内钢结构的份额正在迅速增加。

第二节 炼钢筋铁骨 筑广厦万间

经过数十年发展，得益于国家和相关部门推动及社会经济发展需求，我国的钢结构产业以每年约 13% 以上的增速蓬勃发展。至 2019 年，钢结构产量约为 7900 万吨，已经成为名副其实的钢结构大国。在看到成绩的同时，我国的钢结构产业内部也在不断强化内功，力争实现量到质的飞跃。

钢材生产企业位于钢结构产业前端。长期以来，我国的钢铁冶炼面临两大难题。一是铁矿石的对外依赖度高。我国的自有铁矿富矿很少，远远不能满足现有产能的需求，因此需要高价从澳大利亚、巴西等国进口，直接导致钢铁冶炼成本的提高。当前，随着我国"一带一路"倡议实施的加深，非洲、东南亚地区铁矿资源的逐步开发，原材料成本将得到有效控制。二是低碳环保给钢铁企业带来的转型升级压力大。传统钢铁冶炼主要消耗煤炭，会排出大量二氧化碳等温室气体，加剧温室效应。因此，钢铁行业需要推广低碳新工艺、新技术，加强企业能源和碳排放管理体系建设，才能实现绿色环保的目标。目前，我国的钢材生产企业在优化工艺流程、技术装备革新、信息化和工业化融合等领域，已经取得了可喜的成果，随着先进技术和经验的推广应用，实现全面低碳环保发展指日可待。

钢结构生产制造企业和建筑企业在钢结构产业迅猛发展的过程中，持续进行自主创新，从技术角度、工程应用角度等多方面不断进步，为产业健康发展奠定了坚实的基础。

炼就钢筋铁骨，筑就广厦万间。钢结构将在未来发挥越来越大的作用（图 6-3）。

图 6-3　中国钢结构产业

【小贴士】一块钢板的智能"变形记"

嗨，大家好！我是一块钢板。我和伙伴们在被制作成钢构件之前，要经历一系列智能"变形"，和我一起来看看吧。

变形第一站　智能下料中心

在下料车间，程控行车从暂存库位准确找到它事先放置在这里的大钢板，搬运至切割工位上。紧接着，数控切割机上阵，按自己的设想对这块大钢板进行裁剪，见图6-4。我和我的小伙伴们就这样诞生了。搬运机器人接着将我们送到下一站或暂存在货架上，见图6-5。

图6-4　数控切割　　　　　　图6-5　机器人搬运

变形第二站　部件加工中心

在这里，切割机器人、焊接机器人会按照构件的要求集中对我们进行二次加工，见图6-6。然后，AGV智能无人叉车再将我们转运到下一站。

图 6-6　坡口加工（将钢板的边缘切割成坡形，便于焊接）

变形第三站　自动组焊矫中心

这里有一个全自动卧式新型设备，将我和伙伴们组装、焊接在一起，并进行矫正，见图 6-7。它可真是厉害，以前需要的 9 道工序被它缩短为 4 道，让我和伙伴们的身体完美地结合在一起。从这里出来，我们再次坐上自动化的辊道和引导车前往下一站。

图 6-7　部件焊接

变形第四站　钻锯锁加工中心

从这里开始，我们要进行精细变形——钻孔、锯切、锁口加工，这些都通过自动化系统与检测传感配合完成。这个生产线还有三维模拟仿真功能，工人能够实时监控我们的变形环节，见图6-8。

图 6-8　数控钻孔

变形第五站　机器人装焊中心

在这里我见到了所有伙伴的身影，它们都以不同的姿态被运过来，大型智能装焊设备把我们抓起来，按照构件的设计进一步组合焊接。这里的焊接效率非常高，连续性强，很快我和更多的伙伴们融合为一体，见图6-9。

图 6-9　组装焊接

变形第六站　自动喷涂中心

最后一个环节，是我们的"护肤"环节：喷漆涂装、恒温烘干。在这个过程中，柔性机器人自动喷涂生产线会尽量减少漆雾污染和废气，力求绿色环保，见图 6-10。打扮得漂漂亮亮之后，我们就可以正式上岗了！

图 6-10　自动喷涂

这就是我——一块钢板的智能"变形记"。

【探究课题】科技强国，我辈当自强！

科技兴则民族兴，科技强则国家强。请思考：作为新时代青少年，可以为祖国未来的钢结构产业发展做些什么呢？

名词解释

1. 单质：由一种元素组成的纯净物叫作单质。例如，单质铁完全由铁元素组成，可以用化学符号 Fe 表示。与单质相对的概念是化合物，即由两种或两种以上元素组成的纯净物。例如二氧化碳，可以用化学式 CO_2 表示。与纯净物相对的概念是混合物，由两种或两种以上纯净物混合而成。例如盐水，不能用化学式表示。

2. 游离态：化学上把元素以单质形式存在的状态称为游离态。与之对应的元素存在的另一种状态是化合态，即元素以化合物形式存在的状态。自然界中大部分金属元素都是以化合态存在，只有极少数化学性质不活泼的金属能以游离态存在，例如金。

3. 铸造性：又叫可铸性，指金属材料能用铸造的方法获得合格铸件的性能。金属材料的铸造性能主要由铸造时金属的流动性、收缩特点、偏析倾向等来综合评定。

4. 荷载（hè zài）：使结构或构件产生内力和变形的外力及其他因素。

5. 剪力：剪切是在一对相距很近、大小相同、指向相反的横向外力作用下，材料的横截面沿该外力作用方向发生的相对错动变形现象。这种使材料发生剪切变形的力称为剪力。例如用剪刀剪纸，纸受到了刀刃施加的剪力。

6. 型钢：是钢厂按一定规格加工的有一定截面形状的钢材，如工字钢、H 型钢、槽钢、角钢等。

7. 弯矩：指弯曲所需要的力和力臂的乘积。

8. 力偶：作用在同一物体上的一对大小相等、方向相反，但不共线的平行力。

9. 轴心力：构件正截面上的拉力或压力，当这个力位于截面的几何中心时，称为轴心力。

10. 电离：是电解质（如酸、碱、盐类）在水溶液中或熔融状态下离解成带相反电荷并自由移动离子的过程。

11. 离子：是带电荷的原子或原子团。

12. 阳离子：又称正离子，是指带正电的原子或原子团，一般都是金属离子。

13. 铵根离子：是由氨分子衍生出的带正电离子。由于其化学性质类似于金属阳离子，故命名为"铵"，属于原子团。一般被视为金属离子。

14. 阴离子：阴离子是指带负电的原子或原子团。

15. 原电池：通过氧化还原反应而产生电流的装置，也可以说是将化学能转化为电能的装置。反应式中的 e 表示电子，+e 表示得到电子，−e 表示失去电子。

编者的话

2016 年 11 月，教育部等 11 部门联合发布《关于推进中小学生研学旅行的意见》（教基〔2016〕8 号），提出教育部门和学校要有计划地组织学生开展研究性学习和旅行体验相结合的校外教育活动，并从 2017 年开始，每年命名一批"全国中小学生研学实践教育基地/营地"，具体承接研学教育活动。

深圳中国钢结构博物馆是教育部命名的第二批研学实践教育基地，也是目前国内唯一以钢结构为主题的博物馆。博物馆自 2017 年开馆以来，在普及科学知识、传播绿色理念、培育志愿精神和增强爱国主义信念等方面发挥了巨大作用，获得社会各界的广泛认可。入选研学实践教育基地，既是对博物馆前期工作的认可，也有助于更加有效地发挥博物馆的教育功能，让在校中小学生近距离接触建筑和钢结构知识。

研学教育的重要工作内容之一是开发课程，本书是这项工作的成果之一。《钢结构是怎样"炼"成的》读本在内容上以钢结构历史和科技为主线，介绍世界钢结构产业发展历程和中国钢结构产业崛起之路，并尝试与中小学课程衔接：小学版（面向小学高年级）以认知为主，衔接综合实践课程；初中版以探究为主，衔接物理、化学课程；高中版以实践为主，衔接通用技术课程。与此同时，在课程实施上可以与参观钢结构博物馆、参加科普主题讲座等结合起来，力求做到知识和实践相互贯通。

中建科工的专家负责本书的策划、统稿、审核及部分章节的编写，深圳市从事中学理化课程教学和青少年研学教育活动的几名资深专家承担部分章节的编写。在编写过程中，相关人员多次展开讨论，努力让内容和文字适合初中学生阅读。数易其稿，最终形成目前的成果。

由于编写者水平有限，加之钢结构科技仍在发展，书中存在不当之处在所难免，恳请专家和广大读者批评指正。

关于中建科工集团有限公司

中建科工集团有限公司（以下简称"中建科工"）隶属于中国建筑股份有限公司，原名中建钢构有限公司，聚焦以钢结构为主体结构的工程、装备业务，为客户提供"投资、研发、设计、建造、运营"一体化或核心环节的服务，是国家高新技术企业、国家知识产权示范企业。

关于中建钢构工程有限公司

中建钢构工程有限公司是中建科工的核心子企业，为客户提供高端钢结构工程承包、钢结构建筑产品、钢结构智能建造装备、钢结构智慧咨询解决方案，创造了国内钢结构施工史上最早、最高、最大、最快的纪录。

关于深圳中国钢结构博物馆

深圳中国钢结构博物馆是中国唯一以钢结构为主题的博物馆，由中建科工投资建设运营，免费向公众开放。先后获评"全国中小学生研学实践教育基地""广东省爱国主义教育基地""深圳市科普基地"等荣誉称号。